绽 放 永 生 之 美

浮游花制作教程

[日] 青山智美　著

陆蓓雯　译

长江出版传媒　Ⓚ湖北科学技术出版社

前　言

　　"Herbarium"，原意是指植物标本，现在引申为将干花或者鲜花放入干净的容器中，倒入油再进行密封制作而成的作品，即浮游花。

　　浮游花用简单的材料按照一定的制作工序就能很轻松地制作成功，但如果想要制作出漂亮的作品，则要注意"花材的组合搭配""放入材料的顺序""色彩的平衡"等制作要点。此外，根据瓶子的形状、花材的放入分量和造型方法，采用不同的教程和诀窍，也会形成不同的差异。

　　将花材浸泡在油中，不仅能够长时间保持美丽，当瓶子反射光线，还会突显出花材的新鲜感。无论是怎样的浮游花，考虑如何选择花材、色彩的组合搭配和整体造型等才是真正的创作乐趣。

　　若是配合季节来选择花材，则能享受一整年制作作品的乐趣。用一些小物品装饰完成的作品，还能作为礼物赠送亲朋。

　　此外，如果将重要的人赠送的花经过处理后制作成浮游花，那会意义非凡。这种独特的可以使花朵长期保持美丽的方式，能够让人们时常回味那段时光的美好。

　　本书通过列举作品案例和按不同的瓶子形状进行详细解说的形式介绍浮游花的制作方法，请参考本书尝试制作浮游花吧！

目 录

Chapter 1

带你了解浮游花

基 本 工 具

只要有修剪花材的工具和将花材放入瓶中的工具，就能制作浮游花。
在制作装饰品时，需要增加镊子或钳子等必要的工具。

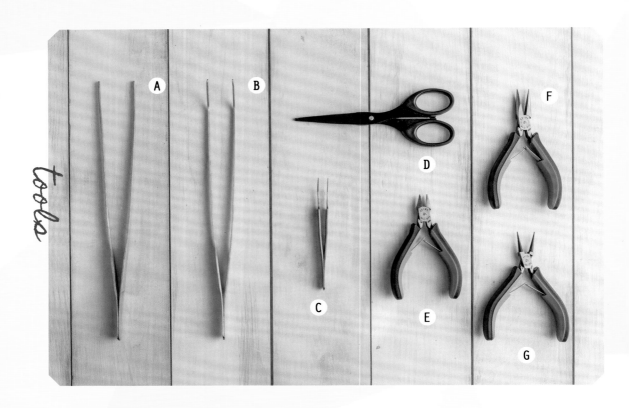

A 平头镊子
将花材聚拢后，集中夹在一起放入瓶子时需要用到镊子。对于狭长的玻璃瓶来说，较长的镊子用起来更加方便。（本书使用的是长度为 20cm 的镊子。）

B 弯头镊子
镊子有各种不同的种类。顶端弯曲的镊子是用来调整花材在瓶中的位置的。

C 小镊子
在制作小型的浮游花时，小镊子用起来更得心应手。也可以用于精细的制作工序。

D 剪刀
修剪大型花材时使用的工具。选择刀刃较细的剪刀，能很顺畅地修剪纤细的花材。

E 钳子
制作装饰品的时候使用，可以将"9"字形针等剪成适当的长度。

F 平嘴钳
钳子的顶端不仅有扁平状的，还有平嘴和圆嘴等弯曲形状的，在制作装饰品、处理"9"字形针等小金属针的时候非常方便。

G 圆嘴钳
在弯曲"9"字形针等顶端的时候使用，是制作饰品必要的工具。

所 需 材 料

所需材料非常简单，有作为主角的花材、装盛花材的玻璃瓶和用来保持
花材美丽的油这三个部分。

bottle

玻璃瓶

浮游花使用的玻璃瓶类似于插
花的花瓶。选择玻璃瓶和选择花
材一样，是能够决定浮游花印象
的重要因素。根据玻璃瓶的形
状，制作的方法略有不同。对于
狭长的玻璃瓶，需要在花材放入
瓶中时调整位置，反之对于空间
宽阔的玻璃瓶，可以倒入油后再
确定花材的最终位置。

狭长的玻璃瓶

长筒状等狭长的玻璃瓶，用来放置
花材非常方便，容易再现情景。由
于放入玻璃瓶后调整花材困难，需
要提前确定好花材的位置。

宽敞的玻璃瓶

空间宽敞的玻璃瓶，虽然很难固定
花材的位置，但让花材有了在油中
飘曳的魅力。这种玻璃瓶制作出来
的浮游花，可以在注入油后再调整
花材的位置。

oil

油

浮游花使用的油，有矿物油和硅油两种。两种油都可
以使用，但是矿物油比硅油价格会稍微低一些，花材
不易浮起，更适合初学者，而硅油富有光泽，最适合
用来表现透明感，花材在其中的褪色速度比在矿物油
中缓慢。

浮游花专用油

使用粉色等淡色系花材
时，推荐使用褪色较慢
的硅油。

储存油的容器

为了在注油时不破坏花
材的形状，必须要谨慎
地将油倒入玻璃瓶中。
推荐使用带有油嘴的注
油瓶。

flower

花材

鲜花和干花是主要的花材。鲜花含有水分，经过微生物
繁殖后枯萎的花材无法使用，可以将鲜花制作成干花后
再使用。最简单的方法是将花悬挂在房间里 1~2 周。

小型的花材

小型的花材除了用来体
现整体的饱满感之外，
还可以用来支撑其他大
型的花材。

大型的花材

大型的花材是浮游花和
饰品的主角。将其放入
玻璃瓶中时需要注意调
整位置。

浮游花的制作方法

步骤 1

准备材料

首先准备好玻璃瓶和花材。根据玻璃瓶的容量，决定花材的使用量，将较大的花材适当修剪。初次制作时，可能会预估不准使用的花材量，因此可以多准备一些花材。

步骤 2

将花材放入玻璃瓶中

将花材从底部向上依次放入玻璃瓶中。用镊子将纤细的花材温柔地放入。对于长筒状等空间狭小的玻璃瓶，应注意事先调整好花材的位置再放入。

步骤 3

注入油后完成作品

将花材完全放入玻璃瓶后，为了不破坏造型，需要缓慢地倒入油。对于空间宽阔的玻璃瓶，可以在倒入油后再调整花材的位置。

展现浮游花魅力的
4 个诀窍

诀窍 1

决定花材的使用量和颜色之间的平衡

诀窍 2

制作前事先预配好想要的效果，再决定布局造型

诀窍 3

决定在玻璃瓶正面展示的花材

诀窍 4

较长的花材可以用满天星来支撑

花材的使用量要配合玻璃瓶的容量和形状，过多或过少都不可行。过多的花材会使空间拥挤不堪，过少则会令花材漂浮起来。此外，颜色也应尽可能有意识地选择同色系。

横放玻璃瓶，将花材先在瓶外配置好后再进行制作。制作的时候从玻璃瓶底部开始放置花材，像千层酥一样，有意识地一层层堆叠。

决定放置在玻璃瓶正面的花材，特别是对于大型的花材来说，要将自己的正面展现出来。在大型花材的背后和侧面，可以放置绣球或满天星等其他花材来固定。

使用茎杆较长的花材时，在放置其他花材前调整好茎杆位置。用带有枝条的满天星作为底座来固定花材，也可以起到支撑稳定其他花材的作用。

推荐的材料

HELICHRYSUM

蜡菊

菊科植物。是浮游花中较大型的花材，经常作为作品的主角使用。

GOMPHRENA GLOBOSA

千日红

苋科植物。花朵看起来像是松果被压碎后的样子。圆滚滚的球形花，让作品显得非常可爱。

PEPPER BERRY

胡椒莓

俗名"秘鲁胡椒"，原产地为秘鲁的安第斯山脉地区。这种圆形的果实在浮游花作品中常起到强调作用。

HYDRANGEA

绣球

有着如同纤细花瓣般的花萼，是绣球的特征。可以连同茎杆一起使用，令整个玻璃瓶显得很饱满。

GYPSOPHILA

满天星

看上去就非常华丽，常用来支撑、固定其他花材。

LAGLASS

兔尾巴草

看起来像是野兔子尾巴的兔尾巴草是禾本科的植物，无论是作为主角还是配角都是适合的花材。

DRY LEMON

干燥的柠檬片

在浮游花中还可以使用干柠檬片等干燥过的水果，单独使用能营造出非常有冲击感的作品。

CURLY SMOKE

曲丝

金属制的曲丝，呈金色或银色的线形，常被用来突显花材的闪亮。

PEARL

珍珠

使用珍珠的作品能表现出华丽感。因为很重，使用的时候基本都会沉在瓶底。

疑问解答 Q&A

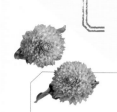

Q1：花材浮起时该怎么办？

A：浮游花在倒入油后不久，可能会有花材浮起的情况发生。这种情况多是由于花材中含有空气，油无法渗透。由于很难进行调整，可以有意识地根据玻璃瓶的容量选择适量的花材，使其恰好装满瓶子。

Q2：在哪里可以购买到制作浮游花的材料？

A：浮游花使用的玻璃瓶和花材，可以在工艺品商店或者手工制作中心购买，在网上也能网购到很多花材，比去商店购买更为方便。另外，在百元商店也有各种各样的玻璃瓶售卖，可以尝试灵活使用。

Q3：浮游花的美丽能保存多久？

A：浮游花的魅力之一就是能够长时间地保存美丽。根据花材和油的种类不同，通常能够保存1年。如果想要长时间保存花材，应彻底清洗玻璃瓶，用酒精消毒后再开始制作。

Q4：如何使用浮游花的花材？

A：永生花和干花等不含有水分的花材，可以直接作为浮游花的花材使用。除了花材，还可以积极使用贝壳、果实等素材，提升作品的可塑性。

Q5：想要销毁浮游花时应如何处理？

A：即使能长期保存，浮游花也总有寿命耗尽的时候。销毁浮游花时，首先要将油倒掉，和食用油同样的处理方法，可以使用厨房用吸油纸或是凝固剂等。另外，油一旦使用就会随着时间劣化，需要注意不可重复使用。

Q6：制作浮游花选用任意材质的瓶子都没有问题吗？

A：一般来说塑料的、玻璃的瓶子都能使用。不同的瓶子构造会使光的折射率产生变化，同样的花材显示出不同的光彩色泽也是浮游花的趣味所在。对于初学者而言，推荐使用容易造型且不易导致花材崩塌的细长型瓶子，熟悉制作方法后，就可以挑战各式各样的瓶子，尽情发挥了。

Chapter 2
使用长筒状玻璃瓶的浮游花

长筒状玻璃瓶即使是初学者也能轻松驾驭。
相互交错地放入花材，如同千层酥般的结构是其诀窍。

六角形玻璃瓶可以折射光线，映射出美丽的浮游花。观赏玻璃和花材共同演绎出的光线表演。

利用六角形玻璃瓶的形状，用胡椒莓点缀，将绣球'安娜贝拉'和千日红纵向交错摆放。

六角形玻璃瓶浮游花的材料

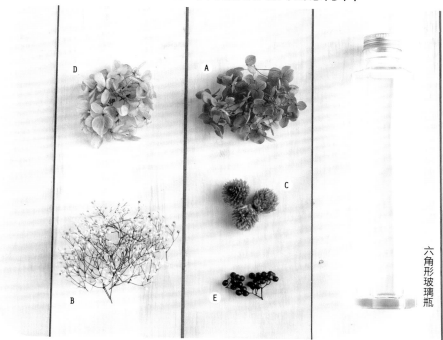

六角形玻璃瓶

A 绣球'安娜贝拉'（紫色）
B 迷你满天星'花面纱'（白紫色）
C 千日红（紫色）
D 小叶（宝塔）绣球（薰衣草色）
E 胡椒莓（紫色）

⌒ 要点

这是用绣球'安娜贝拉'、千日红和胡椒莓等深紫色花材与其他淡紫色花材做出的颜色渐变的造型。为了不让玻璃瓶内的空间显得过于拥挤，可以用其他花材做成底座再配上满天星来调整平衡。

1 在最底部用花材A（适量）做成底座，将其连带茎杆一起修剪成如图所示的4cm左右长度，放入瓶中。

2 将花材B（适量）连带茎杆一起修剪成如图所示的2~3cm长度，放入瓶中，作为花材C的底座。

3 将作品中作为重点的花材 C（1 朵）的茎杆剪掉，把花骨朵放入瓶中。用镊子将其放置在瓶子的正面，用花材 B 固定位置。

4 将花材 B（适量）放入瓶中，用来调整间隙之间的平衡。

5 将花材 D（适量）连同茎杆一起修剪成如图所示的 4cm 左右长度，放入瓶中。不要弄散满天星做成的底座，轻柔的放置手法非常重要。

完成

6 将花材 E（适量）修剪成如图所示的 2cm 左右长度，将花材 D 调整至朝向瓶子的正面。重复步骤1至步骤6，不断放入并调整花材，最后注入油就完成了。

用镊子将纤细的花材小心地放入

一些不太容易松散的花材可以用手直接拿取，但是将纤细的花材放入玻璃瓶中时，就需要使用镊子了。放置的时候，尽可能地不要碰伤花材，镊子集中夹在茎杆或枝条的部分。

A 小叶（宝塔）绣球（蓝白色）
B 梦幻绣球（浅蓝色）
C 梦幻绣球（白色）
D 贝壳
E 沙子

要点

除了花材，沉淀在瓶子底部的沙子和贝壳能共同营造出海边的风情。按从下往上的顺序依次放入白色的梦幻绣球、浅蓝色的梦幻绣球和小叶（宝塔）绣球等花材。将花材放入瓶子的时候，要轻柔地放，注意不要压坏或弄散下方的花材。

展现美丽海边风情的浮游花

减少花材的颜色
展现具有透明感的设计

A 千日红（白色）
B 胡椒莓（浅粉色）
C 染色迷你满天星（浅粉色）
D 梦幻绣球（白色）

要点

以梦幻绣球的白色为基调，搭配使用胡椒莓和千日红。白色的基调可以强调淡色的花材。将千日红放置在瓶子的正面，将中间的一朵千日红稍微偏移中心放置，使其从正面看的时候，不要在竖直方向呈一条直线。

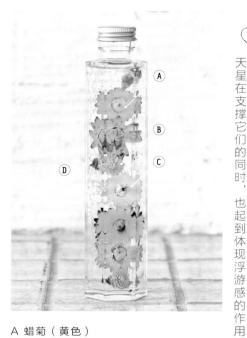

A 蜡菊（黄色）
B 千日红（白色）
C 蜡菊（淡黄色）
D 染色迷你满天星（白色）

要点

以蜡菊和千日红为主花材的造型。蜡菊和千日红的背面放置着染色迷你满天星。白色的满天星在支撑它们的同时，也起到体现浮游感的作用。

要点

使用长筒状玻璃瓶的浮游花

以红色为基调的设计。蜡菊和千日红竖着排成一列，背后用迷你满天星作为支撑的底座。

A 千日红（草莓色）
B 迷你满天星'花面纱'（白玫瑰色）
C 蜡菊（红色）
D 蜡菊（粉色）

要点

用6种花材表现色彩的层次变化。修剪花材时保留部分茎杆，这样就能支撑固定住上一层摆放的花材位置。

A 小叶（宝塔）绣球（草莓色）
B 小叶（宝塔）绣球（晨黄色）
C 小叶（宝塔）绣球（鲜绿色）
D 梦幻绣球（浅蓝色）
E 小叶（宝塔）绣球（薰衣草色）
F 绣球'安娜贝拉'（紫色）

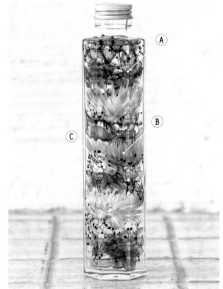

要点

银菊和小叶绣球交错搭配的作品。银菊不仅要摆放在正面，还要花瓣向上摆放。

A 小叶（宝塔）绣球（宝蓝色）
B 银菊（白色）
C 染色迷你满天星（黑色）

使用方形玻璃瓶
制作浮游花的方法

根据不同的观赏角度，方形玻璃瓶浮游花会呈现奇妙的变化。

适合放置在有光照的场所，容易固定正面花材，较易打理造型。

利用玻璃瓶的筒形，将6种花材排列堆叠成千层酥式的造型。这种简单的制作方法最适合初学者。

方形玻璃瓶浮游花的材料

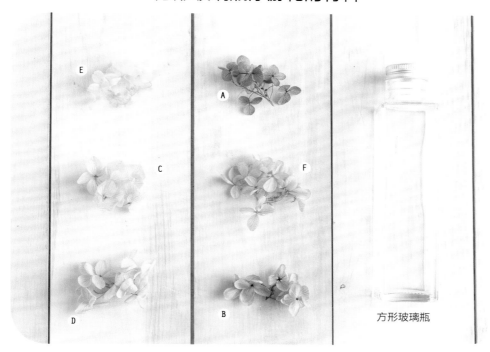

方形玻璃瓶

A 绣球'安娜贝拉'
B 小叶（宝塔）绣球（薰衣草色）
C 梦幻绣球（浅蓝色）
D 小叶（宝塔）绣球（鲜绿色）
E 小叶（宝塔）绣球（晨黄色）
F 小叶（宝塔）绣球（宝蓝色）

要点

6种花材涉及了紫色、薰衣草色、浅蓝色、黄绿色、黄色、粉色等不同颜色。选择和粉色不同基调的颜色，像千层酥般将这些色彩层层堆叠，如此鲜艳多彩的浮游花就完成了。

1 将花材A（适量）连同茎杆一起修剪成如图所示的4cm左右长度，放入瓶中。修剪茎杆时应注意保留一定长度，过短则花材容易松散。

2 将花材B（适量）连同茎杆一起修剪成如图所示的4cm左右长度，放在瓶中花材A的上面。放入时不要压垮下方的花材，要轻柔地摆放在上面。

3 将花材 C（适量）连同茎杆一起修剪成如图所示的4cm 左右长度，放在瓶中花材 B 的上面。这个阶段，花材堆叠的高度应为瓶子高度的一半。

4 将花材 D（适量）连同茎杆一起修剪成如图所示的4cm 左右长度，放置在瓶中花材 C 的上面。

5 将花材 E（适量）连同茎杆一起修剪成如图所示的4cm 左右长度，放置在瓶中花材 D 的上面。筒状的玻璃瓶在注入油后很难调整花材位置，因此在放置时就要特别细心注意花材之间的平衡。

完成

6 将花材 F（适量）连同茎杆一起修剪成如图所示的4cm 左右长度，放置在瓶中花材 E 的上面。最后注入油就大功告成了。

花材放入瓶中后等待片刻，让瓶中的空气自然消失

花材放入玻璃瓶并注入油后，即使特别小心还是会混入空气，导致油中有气泡出现。这些气泡经过一段时间后就会消失，稍等片刻后再盖上瓶盖。

使用方形玻璃瓶的作品案例

A 蜡菊（粉色）
B 胡椒莓（粉色）
C 千日红（白色）
D 染色迷你满天星（白色）
E 小叶（宝塔）绣球（玫瑰粉色）

要点

选择了以粉色为基调的花材。这个是
以蜡菊为主角的作品，将其放置在瓶
子正面的正中间。千日红和胡椒莓并
排摆放在蜡菊的上下方，将上部和下
部的花材左右位置对换就能保持整体
平衡对称了。

蜡菊作为主角，
将玻璃瓶映成粉色

静止在玻璃中的蝴蝶，
演绎出温柔的时光

A 喷泉草
B 雪纺蝴蝶（白／粉／蓝色）
C 兔尾巴草（白色）
D 富贵豆（白色）
E 染色迷你满天星（白色）
F 巴西迷你小星花（白色）
G 梦幻绣球（白色）

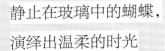

要点

这是利用瓶子的高度和使用枝杆较长的
花材制作的作品。各种各样的花材被修
剪成大约半个瓶子高度的样子。雪纺蝴
蝶用胶水固定在瓶中，看起来仿佛静止
在玻璃瓶中。放置在中心的兔尾巴草悬
挂在其他花材上，不会漂浮。

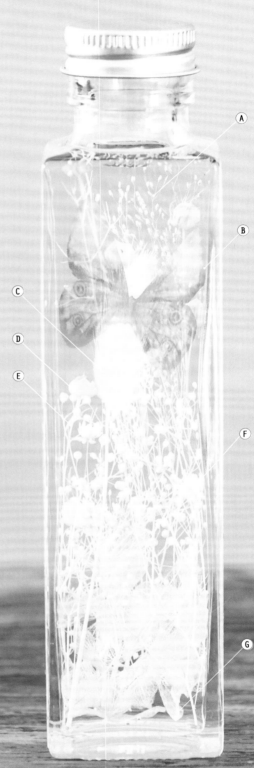

要点

作为主花材的胡椒莓和复古满天星放入瓶中，均匀地调整到瓶子的正面。

A 胡椒莓（浅粉色）

B 染色迷你满天星（浅粉色）

C 小叶（宝塔）绣球（草莓粉色）

D 梦幻绣球（白色）

E 复古满天星（粉色）

要点

将梦幻绣球作为底座，按不同的高度放置勿忘我、小叶绣球和千日红。

使用长筒状玻璃瓶的浮游花

A 勿忘我（紫色）

B 小叶（宝塔）绣球（海军蓝色）

C 梦幻绣球（浅蓝色）

D 千日红（白色）

要点

将印度玉米摆放在瓶底和瓶子正中间，中间的印度玉米和其他花材保持一定平衡。

A 染色迷你满天星（浅蓝色）

B 满天星（蓝色）

C 胡椒莓（水洗蓝色）

D 栎叶绣球（蓝绿色）

E 印度玉米（白色）

要点

黄色系的集合，用加那利鹳草来强调重点，同时用白色的梦幻绣球随意点缀。

A 染色迷你满天星（黄色）

B 梦幻绣球（白色）

C 满天星（黄色）

D 加那利鹳草（黄色）

E 小叶（宝塔）绣球（晨黄色）

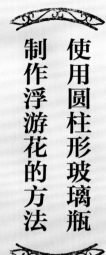

使用圆柱形玻璃瓶制作浮游花的方法

使用圆柱形玻璃瓶的浮游花，可以反射自然光线，令花材更富有立体感。

集合了染色小叶绣球'安娜贝拉'、千日红和胡椒莓，构成层次丰富的红色系作品。这样的红色在瓶中会显得光彩鲜艳。

圆柱形玻璃瓶浮游花的材料

圆柱形玻璃瓶

A 染色小叶绣球'安娜贝拉'（红色）

B 迷你满天星'花面纱'（白玫瑰色）

C 千日红（红色）

D 梦幻绣球（白色）

E 胡椒莓（红色）

要点

染色小叶绣球'安娜贝拉'、千日红和胡椒莓的红色，与迷你满天星'花面纱'、梦幻绣球的白色之间的对比是造型的诀窍。对于长筒状的玻璃瓶，投入其底部的花材很难调整形态，应事先调整好再放入瓶中。

1 将花材 A（适量）连同茎杆一起修剪成如图所示的4cm 左右长度，放入瓶中。

2 将花材 B（适量）连同茎杆一起修剪成如图所示的2~3cm 长度，放入瓶中。

3 剪掉花材 C（1 朵）的茎杆，将其沿瓶壁放入瓶中。

4 将花材 D（适量）连同茎杆一起修剪成如图所示的 4cm 左右长度，放入花材 C 的背后作为支撑。

5 将花材 E（适量）修剪成如图所示的 2cm 左右长度，沿瓶壁放入瓶中。摆放的位置不能压散下方的花材 D。

完成 ← 花材放至此高度

6 重复步骤1至步骤5，直至放满瓶子，再注入油就完成了。注入油后的花材会有不同程度的下沉，所以注入油之前花材一定要放满至瓶口。

不要弄散辛苦制作的造型，要缓慢地注油

将油倒入瓶子时，缓慢地倒入可以使造型不会崩塌。正如教程所说的，不要把花材直接放入油中，而应将油沿着瓶壁慢慢地倒入。

带来清爽感的柠檬片浮游花

Ⓐ

Ⓑ

Ⓒ

Ⓓ

A 干燥的柠檬片
B 梦幻绣球（白色）
C 莹草（绿色）
D 染色迷你满天星（白色）

要点

3片放置在不同高度的干柠檬片，表现出清爽感。梦幻绣球和迷你满天星的白色，突显出干柠檬片的黄色。随意点缀的绿色莹草提升了整个作品的高级感。放在正面的干柠檬片不要摆放成一条直线，正中间的柠檬片偏移一点会显得平衡感更好。

A 小叶（宝塔）绣球（草莓色）

B 小叶（宝塔）绣球（晨黄色）

C 小叶（宝塔）绣球（鲜绿色）

D 梦幻绣球（浅蓝色）

E 小叶（宝塔）绣球（薰衣草色）

F 绣球'安娜贝拉'（紫色）

要点

从上往下依次为草莓色、晨黄色、鲜绿色、浅蓝色、薰衣草色和紫色，是能够欣赏到色彩层次变化的作品。为了保证6种花材的平衡，需要使用相同的分量。当第3种花材放入瓶中的时候，其高度应恰好为瓶子高度的一半，用这样的确认方法会比较容易操作。

色彩丰富的千层酥造型

同样的花材和同样的造型，
变化的颜色提升了氛围感

【上图 左】

A 小叶（宝塔）绣球（草莓色）

B 梦幻绣球（白色）

C 兔尾巴草（双色紫）

D 绣球（薰衣草色）

E 染色迷你满天星（白色）

要点 上面两张图片里的作品使用
了相同的设计构造。仅仅是
不同的颜色，就能改变给人
的印象。兔尾巴草沿着瓶子
的边缘斜着放入，用小叶绣
球和满天星来支撑。

【上图 右】

A 兔尾巴草（蓝色）

B 梦幻绣球（白色）

C 小叶（宝塔）绣球（蓝白色）

D 小叶（宝塔）绣球（海军蓝色）

E 迷你满天星'花面纱'（蓝白色）

要点 该作品以梦幻绣球和迷你满
天星'花面纱'的白色为基调，
强调出兔尾巴草和小叶绣球
的蓝色。大量的白色能够衬
托出整个作品的蓝色色调。

Chapter 3
使用灯泡形玻璃瓶的浮游花

本章的浮游花使用的是灯泡形玻璃瓶装盛。
灯泡形玻璃瓶曲面很多，光的反射和强度能够表现出浮游花不同的风貌。

使用灯泡形玻璃瓶
制作浮游花的方法

灯泡形玻璃瓶最能展现花材在油中摇曳的样子。

使用鲜艳的粉色花材的浮游花。蜡菊的花朵在灯泡形玻璃瓶中显得格外光彩亮丽。

灯泡形玻璃瓶浮游花的材料

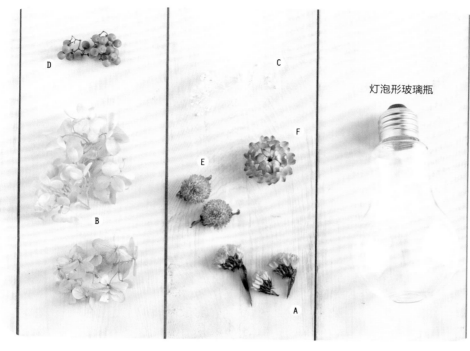

灯泡形玻璃瓶

A 勿忘我（粉色）

B 小叶（宝塔）绣球（上/玫瑰粉色、下/草莓色）

C 染色迷你满天星（白色）

D 胡椒莓（粉色）

E 千日红（粉色）

F 蜡菊（淡粉色）

要点

使用了粉色基调的同色系花材。灯泡形玻璃瓶下部空间很大，这样大的空间能够充分展现花材摇曳的魅力。倒入油后也能调整花材的最终位置，即使是初学者也可以尝试挑战作品。注意作为主角的蜡菊要放置在瓶子的正面。

1 将花材 A（3朵）连同茎杆一起修剪成1cm 左右的长度，放入瓶中。勿忘我这类不太容易松散的花材，可以直接用手放入瓶中。

2 将花材 B（2种，适量）连同茎杆一起修剪成4cm 左右的长度，然后再将花材 C（适量）连同茎杆一起修剪成2~3cm 的长度。将花材 B 和花材 C 作为其他花材的底座，均匀地放置在瓶中。

3 将花材 D（适量）连同茎杆一起修剪成 2cm 左右的长度，沿着瓶壁放入瓶中。

4 剪下花材 E 的花骨朵（1个），沿着瓶壁放入瓶中。剩下的1个根据花材 B 和花材 C 的使用情况酌情添加。

5 剪下花材 F 的花骨朵（1个），放置在玻璃瓶的正面。

完成

6 当花材全部放入玻璃瓶后，注入油，调整花材最终的位置即可完成作品。作为主角的蜡菊应均匀地配置在瓶肚的中间。

使用空间宽阔的玻璃瓶
制作浮游花时，须注意细节调整

将花材放入空间宽阔的玻璃瓶时，总会发生位置偏移的现象，无法调整到想要摆放的位置。像灯泡形这样有一定空间的玻璃瓶，在注入油后，可以使用镊子将花材的位置做细微调整，提高浮游花的完成度。

使用灯泡形玻璃瓶的作品案例

A 干日红（白色）
B 梦幻绣球（浅蓝色）
C 小叶（宝塔）绣球（海军蓝色）
D 染色迷你满天星（白色）
E 胡椒莓（象牙白色）

要点

5种花材的分量平衡配置，能够观赏到蓝与白的颜色对比。用梦幻绣球、小叶绣球和迷你满天星作为底座，有意识地将干日红和胡椒莓放置在瓶子的正面。作为底座的花材，修剪的时候需要保留一部分茎杆，这样才能提升对上方花材的支撑力。

令人印象深刻的蓝与白合奏

A 银菊（紫色）
B 梦幻绣球（浅蓝色）
C 染色迷你满天星（白色）

要点

没有花材的空白区域有时也是造型的一部分。为了展现留白的美，不要将花材塞满瓶子。作为主角的银菊被固定在瓶子的正面，其后是迷你满天星和梦幻绣球组成的底座。作为底座的这两种花材，能够很好地支撑上方的银菊。

C

A

B

仅使用3种花材的简单构成，
却可以打造出具有成熟风情的浮游花

令人印象深刻的黄色与蓝色混合的造型。干柠檬片需要一开始就沿着瓶壁放入瓶中。

A 小叶（宝塔）绣球（海军蓝色）
B 干燥的柠檬片
C 染色迷你满天星（黄色）
D 小叶（宝塔）绣球（晨黄色）
E 小叶（宝塔）绣球（石灰蓝色）

使用灯泡形玻璃瓶的浮游花

能够欣赏到富有层次变化的造型。兔尾巴草应沿着瓶壁放入，倒入油后再调整位置。

A 兔尾巴草（黄色）
B 小叶（宝塔）绣球（晨黄色）
C 满天星（黄色）
D 迷你满天星'花面纱'（白绿色）

白色与淡蓝色交错的造型。需要强调突出的花材被白色衬托出飘浮感。

A 迷你满天星'花面纱'（白蓝色）
B 小叶（宝塔）绣球（蓝白色）
C 加那利蓟草（白色）

以千日红和满天星的白色为基调，再平衡搭配上鲜艳的蓝色和黄色的花材。

A 小叶（宝塔）绣球（海军蓝色）
B 千日红（白色）
C 染色迷你满天星（白色）
D 梦幻绣球（浅蓝色）
E 小叶（宝塔）绣球（晨黄色）

要点

淡色系的组合搭配，更能突出绣球的薰衣草色。

A 千日红（白色）
B 染色迷你满天星（白色）
C 绣球（薰衣草色）
D 梦幻绣球（浅蓝色）

要点

以紫色为基调的造型。千日红起到了协调平衡的作用。

A 千日红（紫色）
B 小叶（宝塔）绣球（薰衣草色）
C 绣球'安娜贝拉'（紫色）
D 迷你满天星'花面纱'（白紫色）

要点

使用绒柏重点强调蓝色。银色满天星的效果也非常适合冬季。

A 小叶（宝塔）绣球（海军蓝色）
B 梦幻绣球（白色）
C 绒柏
D 尤加利果（金色）
E 染色迷你满天星（银色）
F 胡椒莓（银色）

要点

将饱满的东方黑种草放置在瓶子的正面，用其他花材作为底座固定。

A 东方黑种草（亮紫色）
B 染色迷你满天星（白色）
C 梦幻绣球（浅蓝色）
D 小叶（宝塔）绣球（薰衣草色）

好似花环一般的圣诞浮游花

A 尤加利果（金色）
B 梦幻绣球（白色）
C 染色迷你满天星（白色）
D 绒柏
E 绣球'安娜贝拉'（红色）
F 胡椒莓（金色）

要点

绒柏的绿色、绣球'安娜贝拉'的红色和胡椒莓的金色组成了具有圣诞风情的浮游花。将绒柏沿着瓶壁放入瓶中，再用迷你满天星和梦幻绣球作为底座支撑。与此同时，还要有意识地将胡椒莓也放置到瓶子的正面，沿瓶壁放入。

Chapter 4
使用圆锥形玻璃瓶的浮游花

底部空间宽阔、上方慢慢收窄变细的圆锥形玻璃瓶对制作浮游花来
说提高了一些难度。
在竖直方向对花材进行造型，能提升作品的美感。

使用圆锥形玻璃瓶制作浮游花的方法

使用圆锥形玻璃瓶，能制作出展现花材生机勃勃的魅力的作品。

以黄色为基调的清爽作品。为了使花材间的小空间不再单调，用迷你满天星作为底座。

圆锥形玻璃瓶浮游花的材料

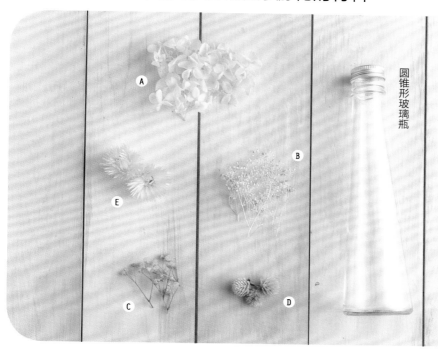

A 小叶（宝塔）绣球（晨黄色）
B 染色迷你满天星（鲜绿色）
C 满天星（黄色）
D 千日红（白色）
E 银菊（黄色）

使用圆锥形玻璃瓶的浮游花

要点

无论是圆锥形玻璃瓶还是长筒状玻璃瓶，都需要将花材堆积成千层酥般的样子。然而对于底部宽阔但上部狭窄的瓶子来说，制作的诀窍在于需要配合瓶子的形状慢慢减少花材的使用量。

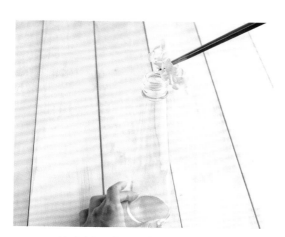

1 将花材 A（适量）连同茎杆一起修剪成如图所示的4cm 左右长度，放入瓶中。

2 将花材 B（适量）连同茎杆一起修剪成如图所示的2~3cm 长度，放入瓶中。

3 将花材 C（适量）连同茎杆一起修剪成如图所示的 2~3cm 长度，茎杆部分要轻柔地插到下方的绣球上。

4 将花材 D 的花骨朵（1个）修剪下来，沿瓶壁放入瓶中。

5 将花材 B（适量）放入瓶中。制作到这个步骤时，应已将底部的宽口空间填埋满了，开始从后方加入作为底座的花材了。

完成

6 将花材 E 的花骨朵（1个）剪下，放在作为底座的迷你满天星上面，然后调整放置到瓶子的正面。剩下的花材用同样的方式交错放置，注入油后就完成作品了。

对于圆锥形玻璃瓶来说，早期位置调整是制作的要点

瓶子的底部空间较大，仅仅将花材放入瓶中的话，花材的位置很容易偏移。因此在初期对花材位置进行调整就显得尤为重要。布置好瓶底之后，后面的制作也会变得很顺利。

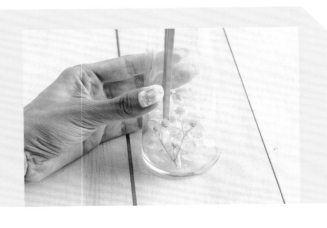

A 小叶（宝塔）绣球（蓝白色）
B 梦幻绣球（浅蓝色）
C 梦幻绣球（白色）
D 贝壳
E 沙子

要点

在瓶底铺上沙子和贝壳之后，颜色从浅到深层层变化。将花材放入瓶子的时候，根据花材放置的高度选择合适的用量。最下层的白色梦幻绣球用量最多，最上方的小叶绣球用量最少。

用多彩的蓝色渐变
来展现通透的沙滩风貌

舞动的羽毛，
展现出动感魅力

【上图 左】

A 染色迷你满天星（粉色）
B 羽毛（粉色）

【上图 右】

C 染色迷你满天星（黄色）
D 羽毛（黄色）

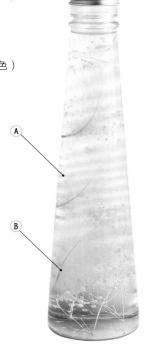
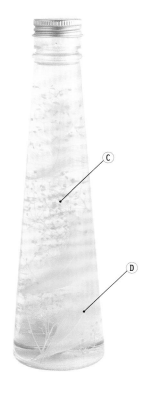

使用圆锥形玻璃瓶的浮游花

【下图 左】

A 染色迷你满天星（白紫色）
B 羽毛（紫色）

【下图 右】

C 染色迷你满天星（白色）
D 羽毛（白色）

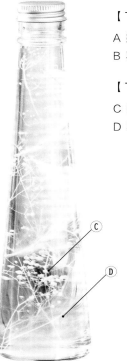

🗨 **要点**

这四个作品除了颜色不同之外都使用了相同的造型。将羽毛沿着瓶壁斜着放入瓶中，利用瓶子的形状展现其动感魅力。羽毛用迷你满天星支撑固定。

改变玻璃瓶
也能改变观感

　　即使是同样的花材、颜色和造型，如果改变玻璃瓶，观感也会随之改变。推荐使用不同的瓶子来尝试制作喜爱的造型。此外，较窄的瓶子相比之下造型的再现性比较高，空间较大的瓶子反而因为花材会在瓶中浮动，无法呈现一模一样的效果。

将浮游花
作为礼物

　　手工制作的浮游花非常适合作为礼物赠送他人。除了要考虑对方的喜好，还可以搭配一些小配件来增强装饰效果。将完成的作品放在篮子里，配上小贺卡，这样不仅营造出氛围，也能够更好地传递心意。

Chapter 5
使用短筒状和钻石状玻璃瓶的浮游花

无论是较矮的短筒状玻璃瓶还是多面体的钻石状玻璃瓶，这些自身
看起来就很可爱的瓶子用来制作浮游花也非常有趣。

使用短筒状玻璃瓶
制作浮游花的方法

使用瓶身较矮、有宽阔空间的短筒状玻璃瓶，利用它的外形进行造型，就能从多个角度观赏浮游花了。

除了花材，还使用了珍珠、曲丝等不同素材，这种乐趣也可以在制作浮游花的时候体验到。

短筒状玻璃瓶浮游花的材料

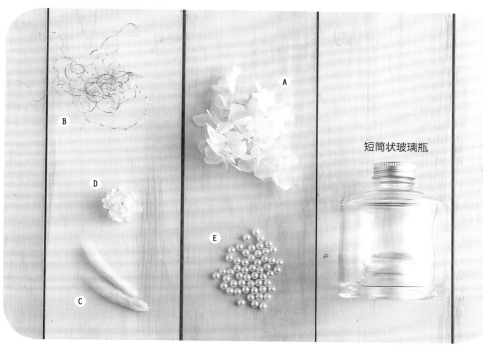

短筒状玻璃瓶

A 梦幻绣球（白色）

B 曲丝（铂金色）

C 兔尾巴草（白色）

D 蜡菊（白色）

E 珍珠

要点

以白色为基调的浮游花，使用了小物品作为配件，这里选择了曲丝和珍珠。曲丝能起到强调衬托的作用，推荐作为满天星等花材底座的替代材料。

1 将花材 A（适量）连同茎杆一起修剪成如图所示的 4cm 左右长度，放入瓶中。将瓶底的边缘部分遮盖住。

2 将材料 B（适量）放入瓶中，摆放在花材 A 的上面。

3　将花材C（1个）的花穗修剪下来，确定好瓶子的正面后，从正面右侧的边缘斜着放入瓶中。

4　将花材D的花骨朵（1个）修剪下来，放入瓶子正面那一侧。

完成

5　将材料B（适量）和花材A（适量）作为支撑放置在花材C和花材D后方。

6　将材料E（适量）放入瓶中后注油，最后再调整一下花材的位置就完成作品了。珍珠在注入油后再放入也没问题。

能够停留在花材上的珍珠

在这个作品里，制作的诀窍在于最后放入的珍珠能够落在花材上并固定住。大多数的珍珠会沉落到瓶底，只需要一部分的珍珠停留在花材上就成功了。这样不经意的偶然性，为制作浮游花增添了一抹乐趣。

使用短筒状玻璃瓶的作品案例

【上】

A 胡椒莓（粉色）
B 小叶（宝塔）绣球（草莓色）
C 勿忘我（粉色）
D 千日红（粉色）
E 染色迷你满天星（白色）
F 小叶（宝塔）绣球（玫瑰粉色）
G 蜡菊（粉色）

要点

以千日红和蜡菊为主角的造型，
确定好正面之后就可以放入花材。
小叶绣球、迷你满天星作为底座，
围绕着2个主花材进行调整即可。

【下】

A 染色迷你满天星（白色）
B 小叶（宝塔）绣球（海军蓝色）
C 贝壳
D 小叶（宝塔）绣球（蓝白色）
E 沙子
F 染色迷你满天星（白蓝色）

要点

先将沙子和贝壳放入瓶子的底部，
再放入其他花材。白色、淡蓝色
和海军蓝色这三种颜色的均匀混
合是这个造型的重点。要有意识
地进行调整。

堆叠在一起的2个瓶子，
是另一种有趣的装饰浮游花

钻石切面能够反射和折射各个方向的光线，呈现出浮游花的光辉亮丽。

强调加那利藠草和金色迷你满天星的作品。配合瓶子的形状，调整花材的用量。

使用钻石状玻璃瓶
制作浮游花的方法

钻石状玻璃瓶浮游花的材料

钻石状玻璃瓶

A 加那利虉草（白色）
B 染色迷你满天星（金色）
C 梦幻绣球（白色）

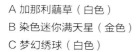
要点

选择了白色基调的花材，突显出金色的迷你满天星。这个造型的重点在于瓶子的中间部分，用梦幻绣球作为底座，然后适度地展现出其饱满感。

1 将花材 A（1个）的花穗部分修剪下来，放入瓶中。

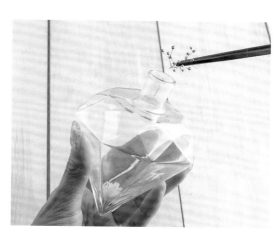

2 将花材 B（适量）连同茎杆一起修剪成如图所示的2~3cm 左右长度，放入瓶中。

3 将花材 C（适量）连同茎杆一起修剪成如图所示的2cm 左右长度。钻石状玻璃瓶的瓶口较小，注意放入花材的时候不要弄散。

4 确定好正面之后，将花材 B（适量）沿正面的瓶壁放入瓶中。

5 将花材 A（1个）沿正面的瓶壁放入瓶中。

完成

6 将花材 C（适量）放入瓶中，制造出丰满感。剩下的花材使用同样的方法交错放入，注入油后再调整花材最终的位置。

根据玻璃瓶的外形特征来选择合适的花材是非常重要的

钻石状的玻璃瓶能吸收光线，可以从各个角度反射出花材的样貌。使用金色花材能够最大限度地展现出光的特性。请根据瓶子的外形特征来选择花材吧！

形成对比的粉色和蓝色，
令钻石状玻璃瓶浮游花绽放光彩

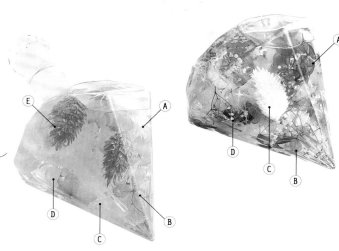

【左】

A 加那利蔺草（白色）

B 小叶（宝塔）绣球（草莓色）

C 染色迷你满天星（白色）

D 小叶（宝塔）绣球（玫瑰粉色）

E 加那利蔺草（深粉色）

要点

选择粉色基调的花材强调加那利蔺草。
加那利蔺草的白色和粉色的色彩对比，
令作品显得更有立体感。使用同样的
花材并灵活运用其不同颜色的品种是
设计的诀窍。

【右】

A 小叶（宝塔）绣球（海军蓝色）

B 小叶（宝塔）绣球（蓝白色）

C 加那利蔺草（白色）

D 染色迷你满天星（白蓝色）

要点

是蓝色为基调的作品。为了突显小叶
绣球的蓝色，加入了加那利蔺草的白
色。需要强调的颜色可以根据选择的
颜色而变化。

Chapter 6
浮游花酒精灯和浮游花香薰瓶

浮游花除了用来装饰之外，还可以用酒精代替油做成酒精灯。
如果在油中加入香精，又可以变为香薰瓶。

浮游花酒精灯的制作方法

瓶中倒入的油可以用酒精替代，这样浮游花就变成了酒精灯，既可照明又能当作浮游花观赏。

用淡绿色的小叶绣球作为底座突出绿色的满天星。花材在酒精中也能展现摇曳的魅力。

浮游花酒精灯的材料

圆球形玻璃瓶

A 小叶（宝塔）绣球（鲜绿色）
B 染色迷你满天星（鲜绿色）
C 染色迷你满天星（白绿色）
D 满天星（绿色）

图片展示外的材料
灯芯
燃料酒精①
注：①燃料酒精可从药店等处购买。

要点

为了让酒精缓慢减少，与其他的浮游花相比，浮游花酒精灯要稍微减少花材的用量。此外，小叶绣球和满天星等能够在瓶中摇曳的花材，会让作品看起来更漂亮。

1 将花材 A（适量）连同茎杆一起修剪成如图所示的4cm 左右长度，放入瓶中。

2 将花材 B（适量）连同茎杆一起修剪成如图所示的2~3cm 长度，放在瓶中花材 A 的上方。

3 将花材 C（适量）连同茎杆一起修剪成如图所示的 2~3cm 长度，确定了瓶子的正面之后，沿正面的瓶壁放入。

4 将花材 D（适量）连同茎杆一起修剪成如图所示的 2~3cm 长度，沿正面的瓶壁均匀地放入瓶中。

5 往瓶子里倒入燃料酒精。由于酒精比一般的油黏度更低，所以花材更容易浮动，要缓慢倒入。

6 倒入酒精后，根据情况调整花材的空间平衡。作为照明灯使用时，将灯芯放入即可。

花材在圆球形玻璃瓶中
不容易偏移挪动，
需要注意调整

使用圆球形玻璃瓶时，花材的造型和瓶内空间均匀配置很重要。摆正的花材，无论从哪个角度观赏都很好，要有意识地配置花材。

不同颜色的浮游花酒精灯改变了氛围

浮
游
花
酒
精
灯
的
作
品
案
例

【左】

A 绣球'安娜贝拉'（紫色）

B 染色迷你满天星（白紫色）

C 复古满天星（紫色）

D 小叶（宝塔）绣球（薰衣草色）　**要点**

作品使用了紫色系的花材。以迷你满天星和复古满天星作为底座，均衡地搭配绣球'安娜贝拉'和小叶绣球。

【右】

A 染色迷你满天星（白玫瑰色）

B 复古满天星（粉色）

C 小叶（宝塔）绣球（草莓色）

D 小叶（宝塔）绣球（玫瑰粉色）　**要点**

作品使用了粉色系的花材。这里也使用了迷你满天星和复古满天星作为底座，重点搭配了小叶绣球。

【左】

A 小叶（宝塔）绣球（蓝白色）

B 染色迷你满天星（白蓝色）

C 小叶（宝塔）绣球（海军蓝色）

D 满天星（蓝色）

要点

以淡蓝色为基调，强调小叶绣球和满天星的深蓝色的造型。这里制作的诀窍是将小叶绣球沿瓶壁放入瓶中。

【右】

A 梦幻绣球（白色）

B 满天星（黄色）

C 染色迷你满天星（黄色）

D 小叶（宝塔）绣球（晨黄色）

要点

用梦幻绣球和迷你满天星作为基底，突出主花材满天星和小叶绣球的造型。满天星需要均匀放置在整个瓶子中。

清爽的颜色也能作为室内的亮点

专栏 3
将礼物花朵
制成浮游花

　　作为礼物收到的鲜花用来装饰时，大概能保持1周，然而制作成浮游花，却能长久地保存。如果收到的是干花，可以根据瓶子的大小进行修剪，仔细挑选后放入瓶中注油即可。如果有闲暇的时间，还可以将自己喜欢的花一起制作放入。

浮游花香薰瓶的制作方法

在浮游花油中加入香精，除了享受视觉上的美感，还可以给嗅觉带来享受。

以粉色为基调，使用同色系花材的造型。无论哪种花材放置在正面都能给人华丽的印象。

浮游花香薰瓶的材料

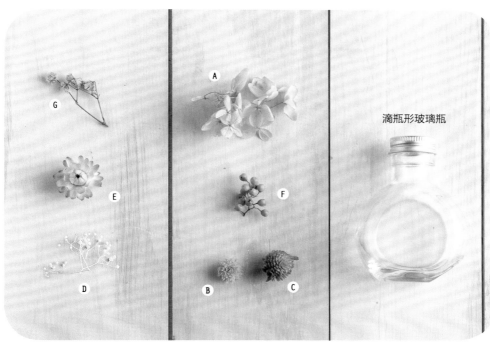

滴瓶形玻璃瓶

A 小叶（宝塔）绣球（玫瑰粉色）

B 千日红（白色）

C 千日红（粉色）

D 染色迷你满天星（白色）

E 蜡菊（浅粉色）

F 胡椒莓（浅粉色）

G 复古满天星（粉色）

图片展示外的材料

芦苇（棒）①

注：①作为香薰瓶的时候要放入瓶中。

要点

这个作品使用的玻璃瓶是正面扁平状的，和其他玻璃瓶一样可以有意识地利用正面造型。对于千日红和蜡菊等大型花材来说，摆放的位置相当重要。

1 将花材 A（适量）连同茎杆一起修剪成如图所示的4cm 左右长度，放入瓶中。

2 将花材 B 的花骨朵（1个）修剪下来，放置在瓶子的正面。

3 将花材 C 的花骨朵（1个）修剪下来，放在花材 B 的左边。

4 将花材 D（适量）连同茎杆一起修剪成如图所示的2~3cm 长度，放在瓶中花材 A 的上方。

5 将花材 E 的花骨朵（1个）修剪下来，放在作为底座的花材 D 上面，调整放置到瓶子的正面。

完成

6 将花材 F（适量）连同茎杆一起修剪成如图所示的2cm 左右长度，调整后放入瓶中。注入油和适量的香薰精油，调整花材位置后完成作品。

选择自己喜欢的
香薰精油

将香薰精油放入浮游花油中后，就能增添香气。根据自己的喜好，为房屋添加不同的香味吧！当香气变淡时，再在浮游花油中加入数滴香薰精油即可。

鲜艳夺目的浮游花为房间增添一抹香气

A 千日红（白色）

B 小叶（宝塔）绣球（晨黄色）

C 满天星（黄色）

D 加那利藕草（黄色）

E 蜡菊（黄色）

F 染色迷你满天星（黄色）

要点

小叶绣球、满天星和迷你满天星为基底的造型。在瓶子的正面，有意识地使用蜡菊和千日红等大型花材。

A 胡椒莓（紫色）

B 蜡菊（粉色）

C 染色迷你满天星（紫色）

D 绣球'安娜贝拉'（薰衣草色）

E 千日红（紫色）

F 千日红（粉色）

要点

这里也是使用了紫色系花材的造型。制作的诀窍是将蜡菊和千日红摆放在瓶子的正面，用深色的胡椒莓起强调作用。

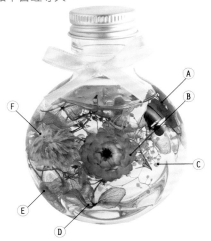

沐浴着阳光的绿色浮游花

A 胡椒莓（绿色）
B 小叶（宝塔）绣球（鲜绿色）
C 染色迷你满天星（白绿色）
D 千日红（白色）
E 蜡菊（白色）

要点

蜡菊和千日红放置在瓶子的正面。将作为底座的小叶绣球和迷你满天星的茎杆适当保留，这样就能在周围营造出良好的平衡感。此外，白色的千日红会稍微褪色，令整个作品散发出温柔的气息。

专栏 4
可装饰室内的
浮游花

　　一般而言，室内装饰是享受浮游花乐趣最多的方式。浮游花可以代替花朵装饰，描绘出花朵在桌子上摆放的样子。仅仅是放置着的浮游花，也可以作为展示的一部分。在客厅、厨房、浴室或卫生间用浮游花装饰，可以营造出良好的氛围。

专栏 5

可随身携带的
浮游花

　　浮游花的魅力在于可以根据玻璃瓶的不同表现出微妙的变化，使用可随身携带的瓶子也是乐趣之一，比如常见的果酱瓶和指甲油瓶。由于这些瓶子有各种各样的形状，最适合用来制作浮游花了。在这里需要注意的是，如果选择透明的瓶子，请一定要彻底洗干净并进行消毒杀菌后再用来制作浮游花。

果 酱 瓶

　　在可以随身携带的玻璃瓶中，果酱瓶可以说是最适合用来制作浮游花的瓶子了。果酱瓶的瓶口大多都很宽大，容易放入花材。利用果酱瓶的形状，选择需要较大空间展示的花材，同时这也是造型的诀窍。由于瓶口宽，最后在注入油的时候，要注意控制手势，不要过猛地倒入油。

指甲油瓶

    指甲油瓶也可以用来制作浮游花。由于瓶子非常小，所以要选择迷你型的花材。然而也正是因为其容量小，故有着制作时间短、耗费花材少的优点，可以利用平时制作浮游花积累下来的花材。另外，作为小型的室内装饰，变化花材并同时摆放数瓶也能成为一道风景。

Chapter 7
制作浮游花的饰品和小物品

本章介绍了如何制作浮游花的耳环、戒指、项链等饰品和小物品。
让我们一起创造出展现自我个性、只属于自己的光彩吧！

浮游花耳环的制作方法

用玻璃球制作迷你浮游花，
让我们一起创造出属于自己的原创耳环吧！

将复古满天星和迷你满天星
等小型花材放入玻璃球后制
作而成的可爱耳环。

浮游花耳环的材料

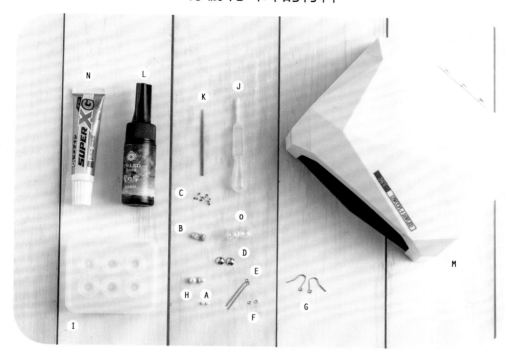

A 珍珠（2个）

B 复古满天星（粉色）

C 染色迷你满天星（白玫瑰色）

D 球盖（8mm、2个）

E "9"字形针（2个）

F 金属圆环（2个）

G 耳环钩（2个）

H 棉花珍珠（2个）

I 硅胶模具

J 滴管

K 牙签

L 树脂溶液

M LED灯

N 胶黏剂

O 玻璃球（直径12mm、2个）

要点

如果用玻璃球制作迷你型浮游花，需要用到树脂溶液和LED灯来密封。由于这种浮游花的体型非常小，所以只需要放入少量的花材即可。请一定要尝试制作一下！

1 将材料A（左、右各1个）放入玻璃球中。（在工作台上使用硅胶模具。）

2 将花材B的花骨朵（左、右各1个）修剪下来，放入玻璃球中。

3 将花材 C（左、右适量）连同茎杆一起修剪成如图所示的 5mm 左右长度，放入玻璃球中。

4 使用滴管，将油注入玻璃球中。

5 在玻璃球球口空出的部分，用牙签将树脂溶液涂满球口。

6 在 LED 灯的照射下树脂溶液凝固，密封住玻璃球。

使用滴管将油注入小瓶中

玻璃球非常小，因此球口也较小。为了将油注入其中，需要使用滴管。将油倒入一个广口的容器中，用滴管吸取后再小心地注入玻璃球中。

7 将玻璃球球盖用胶黏剂固定在玻璃球上。

8 用"9"字形针穿透棉花珍珠，用圆嘴钳将针的两端弯曲成圆环状。

9 用平嘴钳将耳环钩和步骤8完成的那部分连接固定在一起。

10 再使用平嘴钳将步骤9完成的那部分和玻璃球连接固定在一起就完成作品了。

完成

浮游花饰品的作品案例

蓝色的耳环不仅让人看上去显得清爽，
同时也具有华丽感

材料

复古满天星（蓝色）
染色迷你满天星（白蓝色）
珍珠（2个）
玻璃球（2个）
球盖（2个）

耳环钩（2个）
棉花珍珠（小6个、大2个）
金属圆环（4个）
"T"字形针（8个）
金属波浪线（4根）

要点

蓝色复古满天星在玻璃球中闪
闪发亮。用圆嘴钳将耳环钩和
玻璃球连接。3个小的、1个大
的棉花珍珠用"T"字形针穿
透后，和金属波浪线一起用圆
环和耳环串在一起。

材料

大丽花'马赛拉'（红色）

复古满天星（粉色）

染色迷你满天星（白色）

珍珠（1个）

玻璃球（1个）

两端带盖子的叉环（1个）

棉花珍珠（1个）

要点

材料用叉环连接。一端是装有'马赛拉'、满天星、迷你满天星和珍珠的玻璃球，另一端固定上棉花珍珠就完成了。

材料

复古满天星（紫色）

染色迷你满天星（白紫色）

珍珠（2个）

玻璃球（2个）

球盖（2个）

耳环钩（2个）

棉花珍珠（小6个、大2个）

金属圆环（4个）

"T"字形针（8个）

金属波浪线（4根）

要点

将 P84耳环中的花材变动后制作的饰品。紫色系的花材非常适合和金属搭配，给人高贵的感觉。

材料

复古满天星（白色）
满天星（黄色）
莹草
珍珠（2个）
玻璃球（2个）
带盖的耳钉（2个）
链子（长度1.5cm,2根）
棉花珍珠（2个）
"T"字形针（2个）

◝要点

黄色的满天星令耳部焕然一新。将复古满天星和满天星、莹草、珍珠一同放入玻璃球中，和带盖的耳钉连接。将串有"T"字形针的珍珠和链子连接，再和耳钉一起固定。

材料

勿忘我（紫色）
巴西迷你小星花（紫色）
珍珠（2个）
玻璃球（2个）
带盖的耳钉（2个）
链子（长度1.5cm,2根）
棉花珍珠（2个）
"T"字形针（2个）

◝要点

和上面作品一样的耳环，只不过材料改为了勿忘我、巴西小星花和珍珠。仅仅改变了使用的花材，就影响了饰品的风格，这就是浮游花饰品的魅力。

用雪纺流苏做成的
宛如天使翅膀般可爱的耳环

材料

复古满天星（白色）
复古满天星（粉色）
带盖的耳钉（2个）
雪纺流苏（2个）
金属圆环（4个）
玻璃球（2个）
球盖（4个）

 要点

玻璃球内装有2种不同的复古满天星。球体的上、下由球盖连接，一端固定着带盖的耳钉，另一端用金属圆环和雪纺流苏连接。如此就能体验到用不同材料制作饰品的乐趣。

材料

复古满天星（白色）

染色迷你满天星（白色）

珍珠（玻璃球内使用，2个）

带盖的耳钉（2个）

椭圆金属环（2个）

水晶珠子（2个）

水钻（2个）

珍珠（大2个、中2个、小2个）

"T"字形针（10个）

金属圆环（6个）

玻璃球（2个）

球盖（2个）

搭配珍珠的白色耳环，
彰显高贵

Ⓐ

要点

用1个圆环将玻璃球、串有2个"T"字形针的珍珠制作成 A 部分。再用2个圆环将穿有"T"字形针的珍珠（大、小各2个）、水晶珠子、A 部分串起来，和椭圆金属环连接。椭圆金属环的另一端，用圆环将带盖耳钉和水钻串在一起。

材料

巴西迷你小星花（紫色）

染色迷你满天星（白紫色）

钻石形玻璃球（1根）

项链链子（1个）

金属圆环（1个）

球盖（1个）

要点

钻石形的玻璃球给人成熟的印象，金色的项链链子非常适合这种意境。将不带珍珠的巴西迷你小星花和迷你满天星放入瓶中。

材料

巴西迷你小星花（绿色）

染色迷你满天星（绿色）

钻石形玻璃球（1个）

项链链子（1根）

金属圆环（1个）

球盖（1个）

要点

将左图项链中的花材变化后制作而成的作品。使用绿色的巴西迷你小星花和复古满天星，就变成了让人眼睛一亮的清爽的浮游花饰品。可以尝试用不同颜色的花材制作项链。

材料

复古满天星（蓝色）

染色迷你满天星（白蓝色）

带盖的耳钉（2个）

椭圆金属环（2个）

水晶珠子（2个）

水钻（2个）

珍珠（大2个、中2个、小2个）

"T"字形针（10个）

金属圆环（6个）

玻璃球（2个）

球盖（2个）

要点

将P88耳环中的花材变动后制作的饰品。P88用的是白色的花材，而这里用的是蓝色的，整体给人年轻的感觉。将同种造型的颜色稍做改变，就能体验到不同的风情。

材料

满天星（蓝色）

染色迷你满天星（白蓝色）

珍珠（1个）

玻璃球（1个）

皇冠形盖子（1个）

金属圆环（1个）

纽绳项链（1根）

将美丽密封在小球里

> **要点**

在玻璃球中放入满天星、迷你满天星和珍珠制作而成的饰品。玻璃球用皇冠形盖子连接，再用金属圆环串在纽绳项链上即可。这里的皇冠盖子体现了不同的韵味。

材料

复古满天星（白色）

染色迷你满天星（白色）

珍珠（1个）

玻璃球（1个）

皇冠形球盖（1个）

项链链子（1根）

让人放松愉快的淡色组合

> **要点**

改换上方项链的花材和纽绳项链后制作的饰品。白色是适合任意时尚的百搭颜色，是组合搭配的重点。这个作品仿佛水滴一般，可称之为"水之皇冠"。

材料

复古满天星（粉色）

复古满天星（白色）

复古满天星（紫色）

迷你满天星（粉色）

玻璃球（1个）

球盖（1个）

圆环（1个）

项链链子（1根）

要点

玻璃球中放入了3种复古满天星和1种迷你满天星。由于使用的花材较多，多彩的颜色本身就显得很华丽。这种时候就适合用简单的设计了。

突显花材的魅力

简单的设计就能

材料

小叶（宝塔）绣球（海军蓝色）

染色迷你满天星（白蓝色）

珍珠（1个）

玻璃球（1个）

球盖（1个）

瓜子耳（1个）

项链链子（1根）

要点

深蓝色的花材让人倍感平静。只须将小叶绣球、迷你满天星和珍珠放入玻璃球中，再用瓜子耳连接到项链上就可以了，操作简单。

浮游花圆珠笔的制作方法

使用定制的圆珠笔笔管制作浮游花圆珠笔，用自己原创的笔来享受书写的乐趣吧！

浮游花圆珠笔的材料

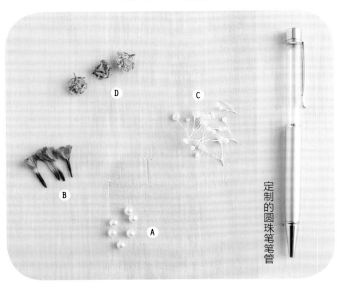

定制的圆珠笔笔管

A 珍珠
B 勿忘我（紫色）
C 染色迷你满天星（白色）
D 复古满天星（紫色）

要点

定制的圆珠笔笔管可以作为浮游花的容器，需要选择细小的花材。一般将花材按顺序竖向依次放入就可以了，制作简单。

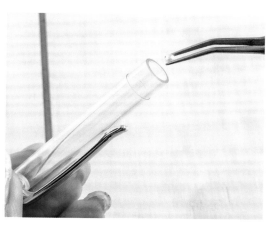

1 　将材料 A（1个）放入容器中。

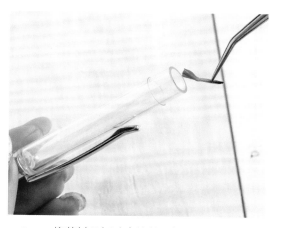

2 　将花材 B（1个）的花朵朝上放置在珍珠上。

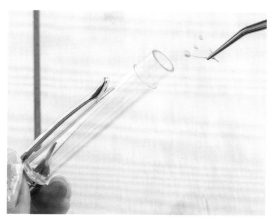

3 　将花材 C（适量）连同茎杆一起修剪成如图所示的5mm 左右长度，花朵朝上放在花材 B 的上面。

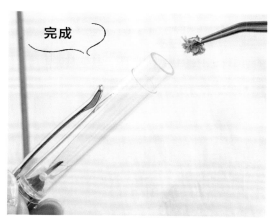

完成

4 　剪下花材 D 的花骨朵（1个），花朵朝上放在花材 C 的上方。按照这样的顺序依次放置剩下的花材，注入油，在笔杆内塞连接处用胶水固定。

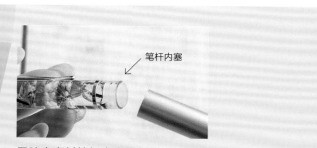

笔杆内塞

用胶水密封笔杆内塞的部分，这样与圆珠笔本体的连接就完成了。在圆珠笔的顶部还可以用水晶等装饰。

选择和圆珠笔颜色
搭配的花材吧

将迷你满天星和巴西迷你小星花修剪成5mm左右长度，交错重叠地放入容器中。为了不破坏花材的造型，要仔细放入。根据情况适当放入珍珠更能突显花材。

【左】

A 珍珠（蓝色）

B 巴西迷你小星花（浅蓝色）

C 染色迷你满天星（白蓝色）

选择了6种色彩鲜艳且颜色各异的花材。每种花材各选取1朵搭配，就能表现出颜色渐变的美丽。确定好正面后，重点调整花朵的朝向。

【中】

A 大丽花'马赛拉'（深粉色）

B 巴西迷你小星花（浅粉色）

C 巴西迷你小星花（黄色）

D 巴西迷你小星花（绿色）

E 巴西迷你小星花（浅蓝色）

F 巴西迷你小星花（紫色）

配合圆珠笔的颜色选择花材。这里使用了迷你满天星为基底，小心地放入笔杆中，再用珍珠点缀来突出花材。

【右】

A 染色迷你满天星（白玫瑰色）

B 大丽花'马赛拉'（深粉色）

C 珍珠（红色）

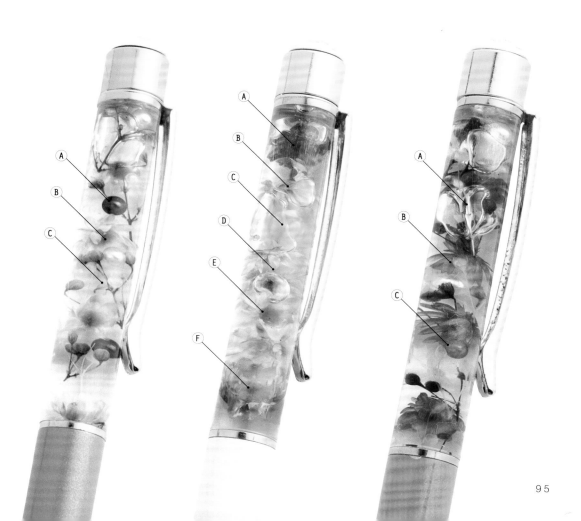

图书在版编目（CIP）数据

浮游花制作教程／（日）青山智美著；陆蓓雯译 . —— 武汉：湖北科学技术
出版社，2021.4
ISBN 978-7-5706-1253-6

Ⅰ. ①浮… Ⅱ. ①青… ②陆… Ⅲ. ①干燥－花卉－制作－教材 Ⅳ.
① TS938.99

中国版本图书馆 CIP 数据核字 (2021) 第033163号

作者
青山智美
生于 1982 年，从 2014 年开始以制
作手工艺品为爱好，2016 年开始真
正从事浮游花的创作和销售。作为
浮游花专家多次参与电视和杂志举
办的活动，拥有众多的支持者。广
泛活跃于海外化妆品品牌的浮游花
设计监督和销售。

原版书信息
设计　　　mid
摄影　　　北原干惠美
造型　　　露木蓝
摄影支持
AWABEES TITLES UTUWA

浮游花制作教程
FUYOUHUA ZHIZUO JIAOCHENG

责任编辑：周　婧
封面设计：胡　博
督　　印：刘春尧

出版发行：湖北科学技术出版社
地　　址：湖北省武汉市雄楚大道268号（湖北出版文化城 B 座13—14楼）
邮　　编：430070
电　　话：027-87679468
网　　址：www.hbstp.com.cn
印　　刷：武汉市金港彩印有限公司
邮　　编：430023
开　　本：787×1092　1/16　6印张
版　　次：2021年4月第1版
印　　次：2021年4月第1次印刷
字　　数：100千字
定　　价：52.00元

（本书如有印装质量问题，可找本社市场部更换）